Anna Trinks

Kritische Analyse des Landesentwicklungsplanes des Saarlandes

GRIN Verlag

Bibliografische Information der Deutschen Nationalbibliothek:

Die Deutsche Bibliothek verzeichnet diese Publikation in der Deutschen National-
bibliografie; detaillierte bibliografische Daten sind im Internet über http://dnb.d-
nb.de/ abrufbar.

Impressum:

Copyright © 2006 GRIN Verlag GmbH
Druck und Bindung: Books on Demand GmbH, Norderstedt Germany
ISBN: 978-3-640-28286-9

Dieses Buch bei GRIN:

http://www.grin.com/de/e-book/122534/kritische-analyse-des-landesentwicklungs-
planes-des-saarlandes

Eberhard Karls Universität Tübingen
Geographisches Institut
Hauptseminar „Angewandte Geographie, Referateseminar "
WS 2005/2006

Anna Trinks

05.01.06

Kritische Analyse des
Landesentwicklungsplans des Saarlandes

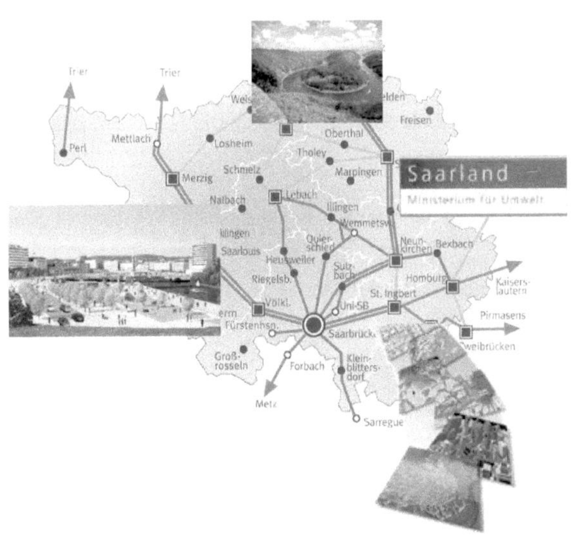

Vorgelegt am 04.01.06 von:

Anna Trinks

Geographie Diplom, 5. Semester

Inhalt

1 Einleitung

Der Landesentwicklungsplan des Saarlandes stellt, neben dem Landesplanungs-gesetz, das wichtigste Planungsinstrument für das Land dar. Im Unterschied zu Baden-Württemberg umfasst der Landesentwicklungsplan zwei getrennte Teilab-schnitte. Zurzeit sind dies zum einen der Landesentwicklungsplan Teilabschnitt „Umwelt (Vorsorge für Flächennutzung, Umweltschutz und Infrastruktur)" vom 13. Juli 2004 und zum anderen der Landesentwicklungsplan Teilabschnitt „Siedlung" vom 9. Oktober 1997.

Beide Pläne wurden vom Ministerium für Umwelt bearbeitet und setzen sich aus einem Teil A mit textlichen Festlegungen, sowie einem Teil B mit zeichnerischen Festlegungen zusammen.

Im Anschluss an eine überblicksartige Einführung in die Planungshierarchie Deutschlands und die saarländischen Besonderheiten der Raumordnung folgt eine kritische Analyse der beiden Teilpläne. Dabei wird das methodische Vorgehen für den Landesentwicklungsplan Teilabschnitt „Umwelt" wie folgt ablaufen:

Zunächst wird jeweils der Inhalt des aktuellen Plans aufgeführt wonach sich ein Vergleich - allerdings ohne Wertung - mit dem vorherigen Plan vom 18. Dezember 1979 anschließt. Darauf folgt die Kritik, die sowohl positive als auch negative Aspekte beleuchtet. Es werden alle Punkte aufgeführt, jedoch aus Gründen der Vielzahl an Festlegungen, Analyseschwerpunkte auf ausgewählte Themenkomplexe gesetzt.

Die vorgenommene Auswahl beruht weitestgehend auf dem Kenntnisstand des Autors oder auf dem verfügbaren Informationsmaterial.

Zur Vervollständigung einiger Informationen wurde ein informelles Interview am 9.12.2005 mit Herrn Ulrich Plewka vom Ministerium für Umwelt durchgeführt. Aussagen seitens Herrn Plewkas wurden mit „(Plewka)" kenntlich gemacht.

Für den Landesentwicklungsplan „Siedlung" wird eine etwas andere Analyse-methodik verwendet, da dieser Plan die derzeitige Situation im Saarland nicht optimal darstellt, die Fortschreibung noch nicht abgeschlossen und deshalb nicht einsehbar ist. Aufgrund dieser Tatsache wird die Analyse des Landesentwicklungs-plans „Siedlung" sehr viel kürzer ausfallen und eher einer kurzen Zusammenfassung ähneln.

Für beide Pläne gilt, dass Ziffern der zitierten Plansätze als Zahlen in Klammern gesetzt sind. Punkte des Inhaltsverzeichnisses der analysierten Pläne werden meistens nicht als eigene Punkte in dem Inhaltsverzeichnisses dieser Arbeit aufgelistet, sondern finden sich in den Abschnitten mit dem Titel „Inhalt" wieder.

Durch die vielfältigen Ansprüche an den Raum mit begrenzten Ressourcen werden durch die beiden Teilpläne des Landesentwicklungsplans des Saarlandes unter-schiedliche Nutzungsansprüche an den Raum koordiniert und gegeneinander abgewogen.

Wie diese anspruchsvolle Aufgabe in dem flächenmäßig sehr kleinen Saarland am Rande der Republik gelöst wurde und welche Folgen auftreten könnten, wird in dieser kritischen Analyse wertend dargestellt.

2 Die Planungshierarchie in Deutschland

2.1 Planungsebenen

Um räumliche bzw. regionale Disparitäten in der Bundesrepublik Deutschland auszugleichen, werden durch die Raumordnung Nutzungsansprüche an den Raum koordiniert. Die Raumordnung ist dabei kein gesetzlich festgelegter Begriff, sondern eher als Auftrag zu verstehen. Sie ist hierarchisch aufgebaut, d.h. es gibt die Bundes-, Länder-, Regional-, und Kommunalebene (Abb.1).

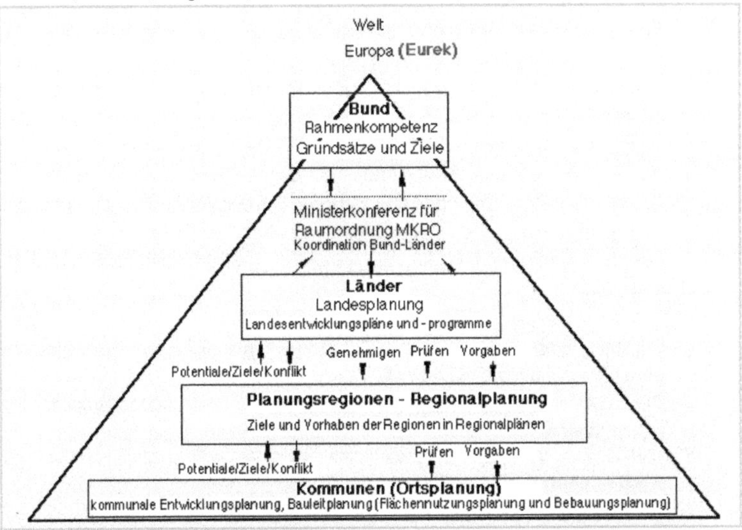

Abb. 1: Planungshierarchie in Deutschland (Quelle: http://www.isl.uni-karlsruhe.de/vrl/swvl/ sw08planungsprozess.html, 05.12.05)

Zwischen der Bundes- und Länderebene steht die Ministerkonferenz für Raumordnung (MKRO), ein Gremium, in dem die Planungsabsichten des Bundes bzw. der Länder gebündelt und abgestimmt werden.

Die Raumordnung in Deutschland funktioniert jedoch nicht ausschließlich als „topdown" System, sondern im so genannten Gegenstromprinzip (§ 1 (3) ROG von 1997), wodurch eine verstärkte Kommunikation möglich ist.

Die verschiedenen Ebenen besitzen verschieden Kompetenzen und Aufgaben, die mit den jeweiligen Instrumenten nachfolgend erläutert werden:

Die Ebene des **Bundes** besitzt eine Rahmenkompetenz. Allgemeine Vorschriften sind im Raumordnungsgesetz (ROG) in seiner Fassung vom 18.8.1997 in §1 (Aufgabe und Leitvorstellungen der Raumordnung) und 2 (Grundsätze der Raumordnung) niedergelegt.

Der Bund entwickelt Leitbilder, die in einem nichtverbindlichen „Raumordnungspolitischen Orientierungsrahmen" dargestellt werden und von den Ländern und Gemeinden auszufüllen bzw. zu konkretisieren sind. Daneben gibt es Raumordnungsberichte, die einen Überblick über die räumliche Situation in Deutschland geben sollen und vom BBR (Bundesamt für Bauwesen und Raumordnung) ausgearbeitet werden.

Auf **Länderebene** werden Landesentwicklungsprogramme/Landesentwicklungspläne erstellt. Gesetzesgrundlagen sind das ROG § 8 und die jeweiligen Landesplanungsgesetze. Planungsträger sind z.B. in Baden-Württemberg das Wirtschaftsministerium, im Saarland das Ministerium für Umwelt.

Die **Regionalebene** ist nur dann von Bedeutung, wenn das Gebiet eines Landes die Verflechtungsbereiche mehrerer zentraler Orte oberster Stufe umfasst (nach: § 8 (1) ROG). In dem Fall muss ein Regionalplan erstellt werden. Die Ziele aus dem Landesentwicklungsplan werden nachrichtlich übernommen und dürfen nicht geändert werden.

Auf der **Kommunalen** Ebene haben die Gemeinden Planungshoheit. Ihr Instrument ist die Bauleitplanung, die den behördenverbindlichen Flächennutzungsplan und den rechtsverbindlichen Bebauungsplan beinhaltet. Gesetzliche Grundlagen bilden das Grundgesetz (GG) § 28, das jeweilige Landesplanungsgesetz und das Baugesetzbuch.

Darüber hinaus gibt es das 1996 von der **EU** entwickelte „Europäische Raumentwicklungskonzept" (EUREK).
Die EU besitzt derzeit noch keine oroginäre Raumordnungskompetenz, kann sich jedoch über die jeweiligen Fachplanungen sehr stark einbringen.

2.2 Das saarländische Planungssystem

Grundlage des saarländischen Planungssystems ist neben dem ROG auch das Saarländische Landesplanungsgesetz (SLPG) vom 12. Juni 2002. Als Landesplanungsbehörde ist das Ministerium für Umwelt genannt.
In § 2 wird unter anderem erläutert, welche Inhalte im Landesentwicklungsplan darzustellen sind:

(5) Der Landesentwicklungsplan enthält Festlegungen zur Raumstruktur, insbesondere zu:
  1. der anzustrebenden Siedlungsstruktur; hierzu gehören mindestens a) Raumkategorien, b) zentrale Orte, c) Achsen, d) Siedlungsentwicklung (Wohnen, Gewerbe),
  2. der anzustrebenden Freiraumstruktur; hierzu gehören mindestens a) großräumig übergreifende Freiräume und Siedlungszäsuren, b) schutzbezogene Festlegungen für Natur und Landschaft sowie für Hoch- und Grundwasserschutz, c) nutzungsbezogene Festlegungen für Rohstoffgewinnung, Landwirtschaft sowie für Freizeit und Erholung,
  3. den zu sichernden Standorten und Trassen für Infrastruktur; hierzu gehören mindestens a) Verkehrsinfrastruktur und Umschlaganlagen von Gütern, b) Ver- und Entsorgungsinfrastruktur.

Daraus lässt sich erkennen, dass die Inhalte des saarländischen Landesentwicklungsplans denen entsprechen, die in Baden-Württemberg im Landesentwicklungsplan und im Regionalplan aufgeführt sind (LplG Abschnitt 1 und 2). Die Ebene der Region als Planungsebene existiert aus Gründen der geringeren Flächenausdehnung des Saarlandes nicht. Dadurch kommt dem Landesentwicklungsplan im Saarland besondere Bedeutung zu, da für die Kommunale Ebene in diesem Plan bereits eine Konkretisierung eines breiten Themenkomplexes vorgenommen sein muss.

3 Kritische Analyse des Landesentwicklungsplans Teilabschnitt „Umwelt" (LEPI „Umwelt")

3.1 Aufbau, Struktur und grundsätzliche Neuerungen

Der aktuelle Landesentwicklungsplan „Umwelt" enthält ausschließlich Ziele zur Vorsorge für Flächennutzung, Umweltschutz und Infrastruktur. Die textlichen Festlegungen schließen an die Ziele mit Begründungen/Erläuterungen an.

Hervorzuheben ist an dieser Stelle bereits, dass der vorherige Plan ausschließlich Grundsätze umfasst, jedoch im Anhang eine lange Auflistung von Gebieten beinhaltet, zu denen Zielsetzungen festgelegt werden.

Der Aufbau und Inhalt des Planes gliedert sich in die folgenden Ziele:

- Für den angestrebten Schutz der freien Landschaft und der Naturgüter: Festlegung von Vorranggebieten für Naturschutz, Freiraumschutz, Grundwasserschutz und Hochwasserschutz.
- Für die angestrebten räumlichen Verteilungen der Flächennutzungen: Festlegung von Vorranggebieten für Gewerbe, Industrie und Dienstleistungen, Forschung und Entwicklung, Windenergie und Landwirtschaft.
- Für die angestrebte räumliche Verteilung der punktuellen Infrastruktur: Festlegung von Standortbereichen für Rohstoffwirtschaft, kulturelles Erbe, Tourismus, besondere Entwicklungen, Binnenschifffahrt und Luftverkehr.
- Für die angestrebte räumliche Verteilung der Verkehrsinfrastruktur: Sicherung der raumordnerisch relevanten Netzstrukturen für Straße, Schiene und Wasserstraße und ihrer Trassenbereiche (nach (7)).

Der Plan von 1979 enthält weitere Bereiche als Planungsgegenstand. So werden die Abfallbeseitigungen in Form von Deponien kenntlich gemacht, sowie Wohnsiedlungstätigkeit und technischer Umweltschutz (Immissionsschutz) abgedeckt.

Neu aufgelistet sind dagegen der Hochwasserschutz, Dienstleistungen, Forschung und Entwicklung und kulturelles Erbe.

Es lässt sich außerdem eine völlig überarbeitete Vorgehensweise bei den Darstellungen und Bezeichnungen der Inhalte des Plans erkennen. Im aktuellen Landesentwicklungsplan werden die vorher vielzähligen Einteilungen der Gebiete, Flächen und Maßnahmen „gebündelt" und als so genannte Vorranggebiete, Verkehrsverbindungen, Standort- und Trassenbereiche und fachliche Ziele kategorisiert.

Durch ein „Agrarstrukturelles Entwicklungskonzept" ist die Grundlage für die Abgrenzung von Vorranggebieten für Landwirtschaft besser gegeben und auch für andere Bereiche sind neben den Datengrundlagen auch die Erhebungsmethoden viel besser geworden. So wurden Vorranggebiete für Naturschutz früher anhand von bestehenden Landschaftsschutzgebieten bzw. Naturschutzgebieten ausgewiesen, welches nun durch eine umfassende Biotopkartierung geschah. Ein Manko ist jedoch die fehlende Darstellung der Kaltluftgebiete. Diese sind ökologisch sehr wichtig, wurden aber nicht aufgenommen (Plewka).

Durchgängig wird das Prinzip der Nachhaltigkeit in allen Bereichen aufgegriffen. Dieser Aspekt zählt wohl zu einem der wichtigsten Neuerungen des Landesentwicklungsplans „Umwelt" für das Saarland. Zusammen mit den oben genannten, neu aufgelisteten Bereichen zeigt der Plan aktuelle Vorhaben und Zustände, wodurch er der heutigen Situation und modernen Entwicklungen der Gesellschaft angepasst wurde.

3.2 Analyse der Vorbemerkungen

3.2.1 Inhalt

Aufgabe des Landesentwicklungsplans

Die Aufgabe des Landesentwicklungsplans ist es, die „Flächenansprüche an den Raum und die räumliche Verteilung der einzelnen Nutzungen unter Abwägung überörtlicher Gesichtspunkte zu koordinieren und zu sichern" (1). Es werden Ziele der Raumordnung festgelegt, die die Naturgüter unmittelbar oder mittelbar zum Planungsgegenstand haben (nach: (2)). Diese verbindlichen Ziele werden insbesondere gegenüber den kommunalen Gebietskörperschaften bedeutsam (nach: (3)).

Aufbau und Inhalt des Landesentwicklungsplans

Dieser Abschnitt wurde in Punkt 3.1 bereits ausreichend dargestellt.

Übergeordnete Prinzipien

Die Umsetzung der raumordnerischen Leitvorstellungen wird unter den Prinzipien der Gleichwertigkeit, der Nachhaltigkeit und der dezentralen Konzentration vorgenommen, wobei Letzteres vorbeugend gegenüber einer weiteren Zersiedelung intakter Landschaftsräume wirken soll. Demnach werden Schwerpunkträume mit einzelnen Nutzungen gebildet (nach: (9) bis (12)).

Räumliche Leitvorstellungen

Neben verschiedenen räumlichen Leitvorstellungen, die die Sicherung von Vorrangebieten anmerken, wird eine spezielle strukturräumliche Gliederung des Saarlandes, die in Abbildung 2 graphisch verdeutlicht werden soll, beschrieben:

- Kernzone des Verdichtungsraumes:
  Es werden verschiedene Leitvorstellungen, wie z.B. Herstellung eines Systems ökologischer Entwicklungsbereiche in band- oder inselförmiger Form, Erhaltung des kulturellen Erbes, Entwicklung der Naherholung genannt.
  Als ein geeignetes Instrument zur Erreichung der Leitvorstellung wird an dieser Stelle erstmals der Regionalpark erwähnt (15).

- Randzone des Verdichtungsraumes:
  In dieser Zone soll besonders eine Sicherung der landschaftsbezogenen Nutzungen geschehen (16).

- Ländlicher Raum:
  Aufgaben sind in dieser Zone die Produktion von Nahrungsmitteln und Holz,
  Pflege des Landschaftsbildes, Erhaltung der Klimageneration, die Grund-
  wassererneuerung, der Ferntourismus und die Naherholung.
  Als Gestaltungs- und Entwicklungskonzepte werden an dieser Stelle die
  Einrichtung des Naturparks Saar-Hunsrück und die Biosphärenregion im
  Bliesgau genannt. Darüber hinaus soll die Zahl der berufsbedingten Pendler
  minimiert werden (18).

Abb. 2: Raumkategorien im Saarland (Quelle: http://www.umwelt.saarland.de/1812.htm:,
20.11.05)

Grenzüberschreitende Abstimmung

Das Saarland soll die Grundlinien der raumordnerischen Zielsetzungen und Pläne
mit den unmittelbar angrenzenden Nachbarländern (Rheinland-Pfalz, Lothringen
und Luxemburg) abstimmen (19).

Geltungsbereich, Planungszeitraum und Bindungswirkung

Der Landesentwicklungsplan, Teilabschnitt „Umwelt" wird für das Saarland für einen
Zeitraum von zehn Jahren aufgestellt. Die Bindungswirkungen der Ziele richten sich
nach § 4 ROG.

3.2.2 Neuerungen

Der 1979 aufgestellte Plan hatte die gleichen Aufgaben, wie der aktuelle Plan, wobei die übergeordneten Prinzipien nicht als solche wortwörtlich genannt wurden, jedoch als Prinzip in der Planung bereits erkennbar waren. Besonders das Nachhaltigkeitsprinzip wird erst jetzt erwähnt.

Die räumliche Differenzierung hingegen wird als „regionale Differenzierung" im alten Plan sehr viel detaillierter in der Wohnsiedlungstätigkeit beschrieben. Diese Wohnsiedlungstätigkeit wird im neuen Plan nicht bearbeitet. Neu sind vor allem die Idee des Regionalparks als Instrument der Landesplanung und die Biosphärenregion im Bliesgau.

Der Planungszeitraum von zehn Jahren war auch im Plan von 1979 angestrebt, jedoch blieb dieser bis 2004 in Kraft!

3.2.3 Kritik

Die völlige Überarbeitung des Inhalts ist als sehr positiv zu bewerten, da sich die Anforderungen an den Raum in dem Altindustrieland stark verändert haben. Bezeichnungen und Darstellungen sind nun der „Moderne" angepasst und lassen sich so auch mit anderen Landesentwicklungs- oder Regionalplänen vergleichen.

Erstaunlich und lobenswert ist die Tatsache, dass ausschließlich Ziele erwähnt werden, welche durch ihre höhere Verbindlichkeit gegenüber Grundsätzen, eventuell zu besseren oder auch schnelleren Ergebnissen und Umsetzungen führen könnten.

Ebenfalls positiv zu bewerten ist die ausdrückliche Nennung und Erläuterung der drei übergeordneten Prinzipien „Gleichwertigkeit", „Nachhaltigkeit" und „dezentrale Konzentration". Diese Begriffe zählen in der heutigen Raumordnung und –planung zu den fundamentalen Leitprinzipien zur Ordnung des Raumes.

Auch die Konzepte des Regionalparks und der Biosphärenregion im Bliesgau zählen zu positiven Ideen, die das Leben für die Bevölkerung im Land attraktiv und lebenswerter gestalten sollen.

Die Beschreibung der einzelnen Zonen wird dagegen sehr knapp gehalten und beschränkt sich auf ihre jeweilig zugewiesenen Funktionen. Allerdings ist zu vermuten, dass eine sehr viel ausführlichere Darstellung im, zur Zeit fortgeschriebenen, Landesentwicklungsplans „Siedlung" erfolgen wird.

Die leichte Andeutung des Pendlerproblems bringt zum Ausdruck, dass die Straßen im Saarland zu rush-hour Zeiten regelmäßig überlastet sind. Dies wird insbesondere für den ländlichen Raum aufgegriffen. Der Grund dafür lässt sich aus den verstärkten Ausweisungen für Vorranggebiete für Gewerbe, Industrie und Dienstleistungen im ländlichen Raum ableiten. Mit dem Ziel der Pendlerreduzierung in dieser Zone, soll vorbeugend eine Überlastung abgewendet werden. Jedoch kann mit dem Wegfall der Eigenheimzulage nicht damit gerechnet werden, dass verstärkt im ländlichen Raum Neubauten entstehen und somit eine eklatante Bevölkerungszunahme stattfinden wird. Negativ kann beurteilt werden, dass es dieses Problem insbesondere in der Verdichtungszone gibt, dieses aber nicht angesprochen wird. Saarbrücken zählt als Oberzentrum zu den wichtigsten Einpendlerüberschussgebieten im Saar-Lor-Lux Raum und verzeichnet bis zu 32.000 Einpendlern täglich (nach: Internet 7).

3.3 Analyse der Ziele der Raumordnung: Die Vorranggebiete

3.3.1 Inhalt

Im ersten Abschnitt wird die Funktionale Aufgabenteilung des Raumes auf der Basis des Schwerpunkt-Achsen-Systems sehr kurz erläutert. Eingehängt in dieses regionale System mit Schwerpunkten und Achsen sind die Vorranggebiete, die Standort- und Trassenbereiche sowie das Verkehrswegenetz. Die letzteren drei werden im Folgenden aufgezeigt.

„Vorranggebiete sind Gebiete, die für bestimmte, raumbedeutsame Funktionen oder Nutzungen vorgesehen sind und andere raumbedeutsame Nutzungen in diesem Gebiet ausschließen, soweit diese mit den vorrangigen Funktionen, Nutzungen oder Zielen der Raumordnung nicht vereinbar sind" (31). Weiter heißt es, dass die Vorrangebiete dazu dienen, die unterschiedlichen Strukturen im Land auszugleichen und somit gleichwertige Lebensbedingungen herzustellen. Die Vorranggebiete wurden auf Grund von Eignungsgesichtspunkten, Bedarfsschätzungen, Schutzerfordernissen und nach Abwägung mit konkurrierenden Ansprüchen ermittelt (nach: (40)). Durch die maßstabsbedingte Flächenunschärfe der Vorrangebiete sind im Zuge der Verwirklichung gegebenenfalls FFH-Verträglichkeits- bzw. Umweltverträglichkeitsprüfungen durchzuführen (nach: (43)).

Vorranggebiete für Naturschutz (VN)
In diesen in Teil B ausgewiesenen Gebieten gilt als Ziel, die „Funktionsfähigkeit der Ökosysteme" zu sichern und zu entwickeln. Flächennutzungen von Wohn-, Gewerbe- oder Freizeitbebauung und die Errichtung von Windkraftanlagen sind nicht zulässig (nach: (44)). Eine Überlagerung mit Vorranggebieten des Grundwasserschutzes und des Hochwasserschutzes kann zugelassen werden.
Die ausgewiesenen Flächen basieren auf der Grundlage der durch Verordnung ausgewiesenen und geplanten Naturschutzgebiete, Biotopkartierungen, sowie den, für das europäische Schutzgebietsnetz Natura 2000 gemeldeten und 2003 nachgemeldeten Gebieten.

Vorranggebiete für Freiraumschutz (VFS)
Diese Vorranggebiete dienen dem Biotopverbund sowie der Sicherung und Erhaltung zusammenhängender, unzerschnittener und unbebauter Landschaftsteile.
Sie sollen als Kompensationsgebiete für Maßnahmen des Ökokontos dienen.
Von den Gemeinden wird erwartet, dass sie aktiv an der Renaturierung von Bachläufen und Talauen in diesen Vorranggebieten mitwirken.
Auch hier sind Flächennutzungen von Wohn-, Gewerbe- oder Freizeitbebauung und die Errichtung von Windkraftanlagen zulässig. Eine Überlagerung mit Vorranggebieten des Grundwasserschutzes und des Hochwasserschutzes kann zugelassen werden. Die Erläuterung merkt an, dass diese Vorranggebiete auf das von der MKRO gefordertes „bundesweit funktional zusammenhängendes Netz ökologisch bedeutsamer Feiräume" eingehen und zusammen mit den VN ein landesweit grenzüberschreitendes Biotopverbundsystem anstreben (nach: (49)).

Vorranggebiete für Landwirtschaft (VL)
In den ausgewiesenen VL ist die Inanspruchnahme für Zwecke der Siedlungs-
tätigkeit ausgeschlossen (52). Ausdrücklich erwähnt wird die Erhöhung des
ökologischen und düngemittelreduzierten Bewirtschaftens. Die Gebiete umfassen
zumeist ebene Flächen mit Bodenwerten von über 50 Bodenpunkten. Nach
Möglichkeit soll eine Bündelung der Infrastruktur herbeigeführt werden.
Errichtungen von Windkraftanlagen sind zulässig und haben grundsätzlich Vorrang.
Eine Überlagerungen mit Vorranggebieten des Grundwasserschutzes und des
Hochwasserschutzes können zugelassen werden.

Vorranggebiete für Grundwasserschutz (VW)
Die VWs sind als Wasserschutzgebiete festzusetzen. Eingriffe in die Deckschichten
sind zu vermeiden und nachteilige Einwirkungen der Trinkwassergewinnung durch
unabweisbare Bau- und Infrastrukturmaßnahmen durch Auflagen zu umgehen. So
soll auch der Nutzwasserbedarf der gewerblichen Wirtschaft und der Landwirtschaft
aus Oberflächenwasser gewonnen werden (nach: (56)). Es dürfen alle Nutzungen
betrieben werden, wenn diese auf die Erfordernisse des Grundwasserschutzes
ausgerichtet sind (nach: (57)).

Vorranggebiete für Hochwasserschutz (VH)
In den VH sind Überschwemmungsgebiete festzusetzen. Jegliche Siedlungs-
erweiterungen und –neuplanungen sind unzulässig. Falls dies aus Gründen des
Wohls der Allgemeinheit doch geschehen soll, so ist das Retentionsvermögen und
der schadlose Hochwasserabfluss zu sichern (nach: (60)).
Falls ein solches Vorrangebiet von einem landwirtschaftlichen Vorrang überlagert
wird, so muss aus Gründen des Hochwasserschutzes von einer ackerbaulichen
Nutzung auf eine Grünlandnutzung umgestellt werden, da es dadurch zu einer
nachhaltigeren Bindung des Hochwassers kommt.

Vorranggebiete der Windenergie (VE)
In den Vorranggebieten der Windenergie sind alle Belange auf die Gewinnung von
Windenergie auszurichten. Bis zum Einspeisepunkt sollen die von den Windkraftanlagen ausgehenden Stromleitungen bis zum Einspeisepunkt als Erdleitungen
verlegt werden.
In den VW sollen vorrangig Windparks entstehen. Außerhalb der ausgewiesenen
Vorranggebiete ist die Errichtung von Windkraftanlagen ausgeschlossen (nach: (64)
und (65)).
Grundlage für die Planung waren u.a. ausreichende Abstände gegenüber Aus-
siedlerhöfen und Wohngebieten, welches sich explizit auf die Lärmimmission und
den Schattenschlag bezieht.

Vorranggebiete für Gewerbe, Industrie und Dienstleistungen (VG)
Diese VG dienen besonders zur Sicherung von Arbeitsplätzen. Die Ansiedlung aller
Formen des Einzelhandels mit mehr als 700m² Verkaufsfläche sind nicht zulässig.
Brachgefallene Gewerbe- und Industrieflächen sollen diese Nutzung wieder
erhalten.

In einigen Fällen werden VG noch intensiv landwirtschaftlich genutzt und sind daher für die Existenzsicherung der betroffenen Landwirte von Bedeutung. Sie sollen demnach möglichst lange noch zur Verfügung stehen (nach: (70) bis (73)).

Das noch zu besetzende Flächenpotential beläuft sich auf 1.975 ha Bruttosiedlungsfläche, wobei das größte Flächenpotential im Raum Saarlouis/Überherrn/Saarwellingen mit 741 ha zu finden ist.

Bemerkenswert ist der Hinweis, dass den Gemeinden im Rahmen der Bauleitplanung möglich ist, eigenverantwortlich Gewerbegebiete auszuweisen.

Vorranggebiete für Forschung und Entwicklung (VF)

Diese Vorranggebiete umfassen nur zwei Flächen:

VF im Raum Saarbrücken (Universität) und

VF im Raum Homburg (Universitätsklinik) (79)

Überlagerung von Vorranggebieten

Durch Überlagerung von Vorranggebieten soll ein Beitrag zur Reduzierung der Flächeninanspruchnahme geleistet werden. Diese so genannte „Mehrfachnutzung des Raumes", wird jedoch, wie in Tabelle 1 gezeigt, mit Prioritäten in Überlagerungsfällen geregelt.

Überlagern sich Vorranggebiete			dann gehen vor die Belange des Vorranggebietes für
Naturschutz sowie Freiraumschutz	und	Hochwasserschutz	Hochwasserschutz
Grundwasserschutz	und	Landwirtschaft	Grundwasserschutz
Grundwasserschutz	und	Hochwasserschutz	Grundwasserschutz
Grundwasserschutz	und	Gewerbe, Industrie und Dienstleistungen sowie Forschung und Entwicklung	Grundwasserschutz
Grundwasserschutz	und	Gewinnung von Windenergie	Grundwasserschutz
Landwirtschaft	und	Gewinnung von Windenergie	Windenergie
Landwirtschaft	und	Hochwasserschutz	Hochwasserschutz

Tab.1: Überlagerung von Vorranggebieten (Quelle: LEPI „Umwelt" 2004:23)

3.3.2 Neuerungen

Vorranggebiete für Naturschutz (VN)

Diese Gebiete nannten sich im alten Landesentwicklungsplan „ökologische Vorranggebiete (VÖ)". Das Schutzgebietsnetz Natura 2000 existierte noch nicht und auch die Flora-Fauna-Habitate lagen noch in ferner Zukunft. Ausgewiesene Naturschutzgebiete waren im Saarland schon seit den zwanziger Jahren vorhanden.

Vorranggebiete für Freiraumschutz (VFS)

Diese Kategorie ist neu, ebenfalls der Begriff des Biotopverbundsytems, das von der MKRO 1996 gefordert wurde. Neu eingeführt wurde auch der Begriff des Ökokontos. Explizit werden die Gemeinden in dem neuen Plan aufgefordert an der Renaturierung der Bachläufe und Talauen mitzuwirken.

Vorrangebiete für Landwirtschaft (VL)

Eine Neuerung stellen in den jetzigen VL die Regelungen in Bezug auf die Windkraftanlagen dar. Diese waren in dem entsprechendem Abschnitt des alten Plans nicht benannt worden.

Vorranggebiete für Grundwasserschutz (VW)

Die heutigen VW werden als Wasserschutzgebiete gekennzeichnet, wodurch eine verbindliche Einhaltung der Auflagen gewährleistet wird. Ausdrücklich erwähnt wird nun, dass der Bedarf an Nutzwasser ausschließlich aus Oberflächenwasser entnommen werden sollte um die begrenzte Ressource Trinkwasser nachhaltig zu sichern.

Vorranggebiete für Hochwasserschutz (VH)

Diese ausgewiesenen Flächen sind eine gänzliche Neueinführung in der saarländischen Planungswelt. Welche Priorität diese Vorranggebiete besitzen lässt sich bereits in der Tabelle 1 erkennen.

Vorranggebiete der Windenergie

Auch diese Vorranggebiete lassen sich in dem alten Plan noch nicht finden.

Vorrangebiete für Gewerbe, Industrie und Dienstleistungen (VG)

Völlig neu aufgenommen wurde der Dienstleistungsbegriff, der zuvor in dem entsprechenden Vorranggebiet keinen Eingang gefunden hatte. Der Einzelhandel über der maximalen Fläche von 700m² wurde damals nicht ausdrücklich „verbannt". Auch ist das angesprochene Thema des „Flächenrecyclings" in dieser Form neu eingeflossen.

Vorranggebiete für Forschung und Entwicklung (VF)

Dieser „Vorrangsgebietstyp" ist nur im neuen Plan zu finden.

Überlagerung von Vorranggebieten

Bei der Tabelle 1 wird deutlich, dass im neuen Plan eine eindeutige Priorität des Grundwasserschutzes vorliegt. Weiterhin wird eine Kategorie gar nicht mehr aufgeführt (Tabelle 2), die im alten Plan noch vorhanden war: Die Forstwirtschaft.

• Naturschutz und Landschafts- pflege	Vorranggebiete für Naturschutz (VN) Vorranggebiete für Freiraumschutz (VFS)
• Landwirtschaft	Vorranggebiete für Landwirtschaft (VL)
• Wasserwirtschaft	Vorranggebiete für Grundwasserschutz (VW) Vorranggebiete für Hochwasserschutz (VH)
• Windenergie	Vorranggebiete für Windenergie (VE)
• Gewerbliche Wirtschaft	Vorranggebiete für Gewerbe, Industrie und Dienstleistungen (VG)
• Forschung und Entwicklung	Vorranggebiete für Forschung und Entwicklung (VF)

Tab.2: Vorranggebiete im LEPI „Umwelt" 2004 (Quelle: LEPI. „Umwelt" 2004:12)

3.3.3 Kritik

In Sachen Naturschutz hat sich im Saarland in den letzten 20 Jahren sehr viel getan. Das Altindustrieland versucht durch gute und integrative Planungen neue Naturschutzgebiete auszuweisen. Das Saarland verfügt derzeit über 116 Naturschutzgebiete mit einer Gesamtfläche von 9600 ha, was einem prozentualen Anteil an der Landesfläche von 3,67% entspricht (nach: Internet 1). Die größten Flächen liegen laut Teil B im Regionalpark und im Warndt.

Auch der Biotopverbund ist erst in den jetzigen Plan eingegangen und ist ebenfalls als positiv zu bewerten. In diesen VF können nun Gemeinden im Sinne des Ökokontos in unzerschnittenen Freiräumen aufwertende Maßnahmen durchführen.

Die Ausweisung der Flächen für Landwirtschaft nimmt Bezug zur Natur: Ausdrücklich soll die Landwirtschaft ökologisch verträglicher werden und wirklich nur noch dort stattfinden, wo es sich von der Leistungsfähigkeit des Bodens lohnt. Jedoch ist durch die Bemerkungen bei den Gewerbe-, Industrie- und Dienstleistungsflächen zu erkennen, dass der Landwirtschaftssektor schrittweise minimiert werden soll, welches in Ziffer (73) angedeutet wurde. Es wird darauf hingewiesen, dass die Flächen zur Existenzsicherung der Landwirte möglichst lange erhalten werden sollen. Da jedoch der Planungszeitraum zehn Jahre beträgt, ist eventuell davon auszugehen, dass die Landwirte in spätestens zehn Jahren ihr Land verlieren werden. Auch der Hochwasserschutz besitzt Vorrang vor der Landwirtschaft, die durch Grünlandflächen in den Überlagerungsgebieten ersetzt werden soll. Der Landwirt erhält eine Entschädigung in Höhe von derzeit 552 Euro pro ha (Plewka).

Wie wichtig der Grundwasserschutz für die Zukunft empfunden wird, drückt sich durch die klare Priorität bei Überlagerungsfällen aus. Das wertvolle Trinkwasser soll demnach nachhaltig für alle Generationen geschützt werden. Das Bewusstsein für die endliche Ressource Wasser ist erkennbar und drückt sich in den ausgewiesenen VW aus. Durch deren Festlegungen wurde der Forderung der MKRO von 1985 „Schutz und Sicherung" des Wassers nachgegangen.

Die Einrichtung der Vorranggebiete für Hochwasserschutz sind die Konsequenz der Schäden die in den neunziger Jahren durch Hochwasserereignisse entstanden sind. In der Innenstadt Saarbrückens kam es wegen der vollständig bebauten Flussauen links und rechts der Saar zu erheblichen Sachschäden und Verkehrschaos. Aus diesen Ereignissen haben die Verantwortlichen gelernt und nun im ganzen Land Vorranggebiete ausgewiesen um Kosten durch Schäden zu minimieren. Das Hauptproblem kann dadurch allerdings nicht beseitigt werden: Das Verkehrschaos in der Saarbrücker Innenstadt bei Hochwasser bleibt, da die A 620 parallel auf der Höhenlinie der Saar verläuft. Saarbrücker nennen diesen Teilabschnitt der Autobahn auch „größter Nebenfluss der Saar", wodurch die Fehlplanung der Autobahn im Jargon der Einheimischen ausgedrückt wird.

Die Windenergie führt in der Praxis im Saarland zu sehr kontroversen Diskussionen. Keine Gemeinde möchte sie in ihrer unmittelbaren Nähe sehen. Durch die Ausweisung von Windparks wird einer „Verspargelung der Landschaft" entgegen-gewirkt. Das Saarland hat 34 Anlagen mit einer Gesamtleistung von 28 Megawatt. Damit liegt das Saarland mit 0,60% am Nettostromverbrauch deutlich unter den potenziellen Möglichkeiten. Für die Zukunft sollten auch an der Saar Anlagen mit

Leistungen von 3 bis 5 MW planbar sein (nach: Internet 2). Laut Plan haben diese Gebiete Vorrang vor den VL. Dies wird aber bei den Landwirten positiv beurteilt, da diese eine sehr attraktive Pacht erhalten (Plewka).

Das Thema Flächenrecycling hat besonders in Saarbrücken sehr gut gefruchtet. Auf dem ehemaligen Hüttengelände, im Westen Saarbrückens, entstand innerhalb der letzten 6 Jahre ein zukunftsweisender Standort für IT, Dienstleistungen, Neue Medien und Telekommunikation. Mittlerweile sind ungefähr 170 Unternehmen mit ca. 1200 Beschäftigten auf dem Gelände der Saarterrassen ansässig (nach: Internet 3). Auf diesem Gelände werden jedoch die maximal genannten 700m² Verkaufsfläche des Einzelhandels deutlich überschritten. Weshalb hier dennoch Firmen dieser Größe ansässig werden konnten, ist auf ein durchgeführtes Zielabweichungsverfahren zurückzuführen. Dieses wurde bei Befragung des Stadtverbandes Saarbrücken positiv bewertet (Plewka). Aktuell sind vor allem die „AW-Hallen", wo ein Gewerbepark auf einer ehemaligen Bahnfläche entstanden ist. Auch diese befinden sich in Saarbrücken West, welches durch diese Entwicklungen einen deutlichen Imagegewinn verzeichnen darf. Bei Betrachtung des Teil B wird deutlich, dass die Hauptbereiche dieser Vorranggebiete sich entweder in Saarbrücken selbst befinden, oder entlang der Saar verlaufen. Saarbrücken soll innovativ und fortschrittlich werden und nach außen das Bild der dreckigen und peripheren Kohlestadt ablegen. Dennoch werden viele VG auch in periphereren Lagen ausgewiesen. Interessant ist, dass von Seiten der Landesplanung nicht so viele VG erwünscht waren, da aus Gründen der Standortfaktoren Zweifel bestehen, ob die Zahl der Firmen überhaupt angesiedelt werden kann. Der eigentliche Impuls für die im Plan ausgewiesenen Flächen ging vom Wirtschaftsminister aus, der dadurch eine Angleichung des Saarlandes an andere Bundesländer anstrebt (Plewka). Aus Sicht des Autors ist diese Angleichung jedoch nur eine Theorie auf dem Papier. Als Standort ist das Saarland in seiner peripheren Lage relativ unattraktiv für Firmen und gerade der ländliche Raum stellt mit seiner unzureichenden Infrastruktur kaum Anreize zur Ansiedlung dar. Der weitere Rückgang der Zahl der Beschäftigten im Montanbereich macht es jedoch auch erforderlich entsprechende Ersatzarbeitsplätze bereitzustellen. Die zahlreichen VG stellen dadurch eine nachhaltige Planungsgrundlage - allerdings erst für folgende Generationen - dar. Wie sich dieser Bereich im Saarland entwickeln wird, muss in den nächsten Jahren beobachtet werden.

3.4 Analyse der Ziele der Raumordnung: Die Verkehrsverbindungen

3.4.1 Inhalt

Die Verkehrsverbindungen umfassen Primär-, Sekundär- und Tertiärverbindungen der Verkehrsträger Straße, Schiene und Wasserstraße. Das Primärnetz stellt Verbindungen zwischen Oberzentren und Verdichtungsräumen her, das Sekundärnetz verknüpft Mittel- und Oberzentren sowie Mittelzentren untereinander, das Tertiärnetz fügt Verbindungen zu Unterzentren hinzu (87).

Straßen

Im Anschluss der Ziele folgt eine lange Liste von Primärstraßen, Sekundärstraßen und Tertiärstraßen. Als Ziel wird bei den beiden letzteren besonders der Radverkehr in Betracht gezogen und ausdrücklich darauf hingewiesen, dass dieser berücksichtigt werden soll (nach: (95) und (96)).

Schienenwege

Die Primärschienenverbindungen sind für den schnellen Fernverkehr auszubauen und im festen Zeittakt zu betreiben. Es wird ausdrücklich eine Verbesserung der Schnelligkeit und Fahrtenhäufigkeit gefordert (nach: (101)).
Weiterhin ist Saarbrücken in das europäische Hochgeschwindigkeitsnetz (TEN) einzubinden.

Wasserstraßen

Verschiedene Abschnitte werden aufgezählt, die in ihrer Befahrbarkeit aufrechterhalten oder eventuell ausgebaut werden sollen.

Luftverkehr

Der Verkehrsflughafen Saarbrücken wird als zentraler Standortfaktor für das Saarland beschrieben. Ein Ziel sieht vor, diesen weiter auszubauen (114).

3.4.2 Neuerungen

Im Bereich der Straßen ist wohl eine der wichtigsten Neurungen, die direkte Verbindung nach Luxemburg sowie die Westtangente A1-A620 und die Verbindung A1 zur A 623. Diese Verbindungen existieren heute schon und besonders die „Westspange" in der Saarbrücker Innenstadt ist stadtprägend geworden.
Der alte Plan erwähnte noch keine Radinfrastruktur, die nun ausdrücklich für das Sekundär- und Tertiärstraßennetz aufgeführt wird.
Eine wesentliche Neuplanung stellt das europäische Hochgeschwindigkeitsnetz dar (TEN).

3.4.3 Kritik

Durch die Berücksichtigung der Radinfrastruktur an den Straßen lässt sich ein verstärktes ökologisches Bewusstsein erkennen. Wie viele deutsche Städte versuchen auch die saarländischen Zentren fahrradfreundlicher zu werden. Die Aufführung im Landesentwicklungsplan ist lobenswert. Es ist zu hoffen, dass sich die Situation für die Fahrradfahrer besonders in Saarbrücken ändert, da bei einem Praxistest sehr schnell deutlich wird, dass gerade an wichtigen Stellen Fahrradwege fehlen. Der ADFC merkt zusätzlich an, dass gerade im Verlauf der - unter Zeitdruck entstandenen - Saarbahn Fahrradwege völlig außer Acht gelassen worden sind (nach: Internet 4).
Im Bezug auf die Schienennetze ist die Forderung nach Schnelligkeit und erhöhten Taktfrequenzen gerechtfertigt, da das Saarland in seiner peripheren Lage keineswegs über befriedigende Zustände im Primärschienennetz verfügt. 2003 wurden die Interregioverbindungen vollständig gestrichen. Lediglich im Regional- und Nahverkehr, einschließlich der Saarbahn, gibt es zufriedenstellende Taktfolgen.

Allerdings ist nach dem geplanten Ausbau der Saarbahn mit längeren Taktfolgen zu rechnen.

Sehr positiv zu bewerten ist die Anbindung an das europäische Hochgeschwindigkeitsnetz (TEN). Dieses soll zwischen Paris und Frankfurt verlaufen; die Inbetriebnahme könnte 2007 stattfinden (nach: (106)). Saarbrücken spielt dabei eine wichtige Rolle, da sich hier TGV und ICE kreuzen werden. Der geplante und von Bund und Land finanziell zugesicherte „Eurobahnhof" wird ein Projekt für die Zukunft Saarbrückens werden. Die Peripherie Deutschlands, so hofft die Regierung, wird dann ein Zentrum des internationalem Verkehrs werden.

Der geplante Ausbau des Saarbrücker Flughafens ist fragwürdig, da durch Frankfurt, Metz-Nancy (Lorraine), Luxemburg und Frankfurt (Hahn) ein sehr viel größeres und gegebenenfalls auch günstigeres Angebot anzutreffen ist. Es gibt kein Konzept zur Aufgabenteilung, wodurch eventuell eine attraktive Spezialisierung erfolgen könnte. Durch den Rückzug von „Fraport" ist die zukünftige Bedeutung des Saarbrücker Flughafens noch unsicherer geworden. Seit Kurzem existiert auch nun ein Shuttle von Saarbrücken nach Frankfrurt (Hahn), der rund um die Uhr stündlich Richtung Billigflieger verkehrt. Ob Saarbrücken diesem Konkurrenzdruck standhalten kann wird sich in Zukunft zeigen müssen.

3.5 Analyse der Ziele der Raumordnung: Die Standort- und Trassenbereiche

3.5.1 Inhalt

Im öffentlichen Interesse liegende fachplanerische Einzelvorhaben von überörtlicher Bedeutung sind in den in Teil B festgelegten Standort- und Trassenbereichen durchzuführen. (...) die Realisierung bzw. Erweiterung liegt jedoch in der Hand von Genehmigungs- und Planfeststellungs- bzw. Raumordnungsverfahren (...) (nach: (118)).

Standortbereiche für Gewinnung von Rohstoffen (BR)
An verschiedenen Standorten im Saarland befinden sich unterschiedliche Anlagen zur Rohstoffgewinnung. Vom Autor ausgewählt wurden die Steinkohleanlagen Ensdorf, Schwalbach-Elm und Großrosseln-Dorf im Warndt.
Betriebe, die nur von lokaler Bedeutung sind, wurden nicht als Standortbereiche festgelegt. Bei den festgelegten Standorten handelt es sich (...) um Betriebe, deren Erweiterung sinnvoll erscheint (nach: (125)).

Standortbereiche für kulturelles Erbe (BK)
Neben anderen Standorten, ist besonders die Völklinger Hütte als Weltkulturerbe zu nennen.
Standorte, die im zu entwickelnden Regionalpark liegen, sollen sinnvoll vernetzt werden.

Standortbereiche für Tourismus (BT)
Wird in dieser Arbeit nicht ausgeführt.

Standortbereiche für besondere Entwicklungen (BE)
An den Standortbereichen für besondere Entwicklungen sollen in Zukunftswerkstätten die baulichen und organisatorischen Rahmenbedingungen für
innovatives Handeln im wirtschaftlichen, kulturellen und sozialen Bereich geschaffen
werden. Ansatzpunkte hierfür sind von der Kommission „IndustrieKultur Saar"
ermittelte Zukunftsstandorte, die sich in der Kernzone des Verdichtungsraumes
befinden, in dem sich die wirtschaftliche Entwicklung des Saarlandes auf Grundlage
der heimischen Steinkohlevorkommen vollzogen hat (nach: (135)). Dazu zählen:
Das Bergwerk Göttelborn, das Bergwerk Reden, die Völklinger Hütte und das
Rosseltal. Diese sollen nach Möglichkeit in den zu entwickelnden Regionalpark
integriert werden.

Standortbereiche für Binnenschifffahrt (BB)
Wird in dieser Arbeit nicht ausgeführt.

Standortbereiche für Luftverkehr (BL)
Wird in dieser Arbeit nicht ausgeführt.

Trassenbereiche für Straßen (TS)
Die Liste der geplanten TS ist in allen drei Straßennetzen sehr umfangreich.
Besonders hervorgehoben wird die Anmerkung, dass von Seiten des Saarlandes
die Nordsaarlandstraße höchste Priorität besitzt (nach: (148)).
Eine zeichnerische Festlegung gibt es weder neben der Verlängerung der
Flughafenstraße noch bei der Querspange A1 - A623

Trassenbereiche für Schienen (TSCH)
Im Folgenden werden vom Autor ausschließlich die Trassenbereiche für geplante
Saarbahnstrecken aufgezeigt.
Saarbrücken – Walpershofen – Lebach
Saarbrücken – Völklingen
Saarbrücken – Neuscheidt – St. Ingbert   und
Völklingen – Saarlouis – Dillingen
Außer der erstgenannte Trassenführung sind allerdings alle Trassenführungen
offen, daher gibt es keine zeichnerische Darstellung.

3.5.2 Neuerungen

Bei der Betrachtung der zeichnerischen Festlegung ist durch die reduzierten
Flächen deutlich zu erkennen, dass der Rohstoffabbau an Priorität im Land verloren
hat.
Ebenfalls war die Völklinger Hütte noch nicht als Weltkulturerbe ausgezeichnet und
auch sonst war diese Kategorie des „kulturellen Erbes" noch nicht im Plan von 1979
zu finden.
Weiterhin sind die Standorte für besondere Entwicklungen neu hinzugekommen.
Dies geht darauf zurück, dass sich diese Standorte auf den Flächen befinden, die
zuvor noch aktiv betrieben wurden und nun durch eine Umfunktionierung durch die
Errichtung der Zukunftswerkstätten eine Nutzungsänderung erfahren haben.

Die Saarbahntrassen als Zielformulierung sind ebenfalls neu in die Landesentwicklungsplanung eingegangen. Der Baubeginn wurde erst 1997 realisiert.

3.5.3 Kritik

Der Bergbau hat im Saarland immens an Bedeutung verloren. Längst ist das Saarland kein Montangebiet mehr und auch die meisten Arbeitsplätze sind nicht mehr in dieser Branche zu finden. Dennoch erlebt die Kohle zur Zeit eine gewisse Renaissance. Die Stahlproduktion erfährt im Saarland in letzter Zeit einen neuen Aufschwung. Insbesondere die Dillinger Hütte kann wachsende Produktionszahlen verzeichnen. Dieser Aufschwung ist besonders auf den Export in boomende Regionen wie beispielsweise Teile Osteuropas oder auch China zurückzuführen. Für die steigende Stahlerzeugung wird Kohle benötigt, womit die noch ausgewiesenen Standorte für Kohlegewinnung erklärt werden könnten.
Andererseits geraten die Anlagen im Saarland immer mehr in die Kritik, da durch gehäufte Grubenbeben Häuser ganzer Dörfer in baufällige Zustände geraten sind. Durch Bewegung eingelagerten Sandsteinplatten werden so bei Grubenarbeiten Beben erzeugt (Plewka). Fernsehberichte und Zeitungsartikel von Protesten der Bevölkerung zeigen die brisante Situation. Allerdings wird damit gerechnet, dass diese Beben mit Beendigung der Abbauarbeiten im März 2006 aufhören. Der Kohleabbau im Saarland ist darüber hinaus ein Politikum: Arbeitsplätze stehen auf dem Spiel, wohingegen die Beschwerden seitens der Bevölkerung immer lauter werden, da mit der Zerstörung der Häuser Existenzen unsicher und Grundstücke wertlos werden. Hervorzuheben ist allerdings die Grube Ensdorf, die zu den leistungsfähigsten Gruben in Deutschland zählt. Hier beträgt die Mächtigkeit der Kohlenflöze über zwei Meter (Plewka).
Die Standortbereiche für kulturelles Erbe und die der besonderen Entwicklungen zeigen, welches Bewusstsein gegenüber der eigenen Vergangenheit entstanden ist. Kulturelles Erbe soll gepflegt werden und traditionelle Standorte als Stätten für neues und innovatives Handeln dienen. Die Bevölkerung erlebt die durch den Bergbau gebildete, industrielle Kulturlandschaft und Kulturdenkmäler nicht als störende Relikte der Vergangenheit, sondern als Individualität des Saarlandes. Durch die Ausweisung werden diese Standorte planerisch geschützt und erfahren dadurch ebenfalls eine Aufwertung. Als zentrales Element wird wieder der Regionalpark genannt. Dieser wird im nächsten Kapitel ausführlich erläutert.
Die Priorisierung der Nordsaarlandstraße ist positiv zu bewerten, da der Norden des Saarlandes in peripherer, ländlicher Lage, infrastrukturell benachteiligt ist. Der Verlauf sieht eine West-Ost Verbindung vor, die bereits auf existierenden Straßen ausgebaut werden soll. Lediglich ein Neubaustück von Merzig zur L158 soll neu entstehen (Plewka).
Sehr kritisch ist die geplante Querspange von der A1- A623 zu sehen. In den zeichnerischen Festlegungen soll diese quer durch den Saarkohlewald führen, was weder positiv für die Erholung noch für die ökologische Funktion dieses Bereiches wäre. Mitwirkende an diesem Projekt halten diese Infrastrukturmaßnahme für ein vernichtendes Projekt im Sinne des Regionalparks. Diese Querspange führt nicht nur durch ein ausgewiesenes VN, sondern auch durch ein FFH-Gebiet. Die Verknüpfung der zwei Autobahnen wird bereits seit den siebziger Jahren diskutiert.

Sie soll den MIV nach Saarbrücken splitten und somit zu einer Entlastung der, durch die Saarbahn stark verengten Lebacher Straße beitragen (Plewka). Gerade diese Tatsache lässt an der Verkehrspolitik zweifeln: wurde doch die Saarbahn gebaut, um die Pendler durch den ÖPNV einzudämmen. Diese Maßnahme hat allerdings nicht in dem Ausmaß gefruchtet, wie Analysen prognostiziert hatten.

Auf Grund der knappen Finanzmittel beim Bund ist allerdings davon auszugehen, dass innerhalb der nächsten zehn Jahre nur wenige Vorhaben der langen Liste für Trassenbereiche für Straßen realisiert werden (nach: (148)).

Die beschriebenen Trassenbereiche für die Saarbahn müssen aus unterschiedlichen Perspektiven analysiert werden. Die Saarbahn wurde besonders zur Minimierung der Berufspendlerzahlen entwickelt und gebaut. Der Einpendlerüberschuss Saarbrückens wurde stadtklimatisch nicht mehr tragbar und auch die Autobahnen waren regelmäßig überlastet.

Wie in Abbildung 3 dargestellt verläuft die (geplante) Saarbahnstrecke (blau) entlang der Entwicklungsachsen des Saarlandes.

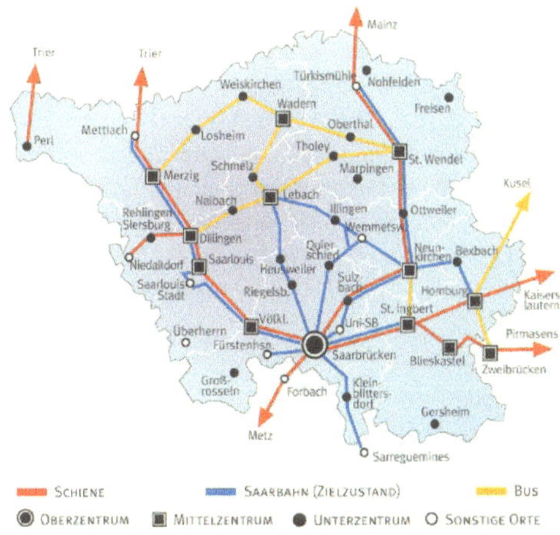

Abb. 3: Verlauf der Verkehrsträger im Saarland (Quelle: Saarbahn GmbH 1998:2)

Da besonders Lebach und Völklingen hohe Pendlerströme in Richtung des Oberzentrums Saarbrücken aufweisen, wären diese geplanten Strecken sinnvoll. Allerdings lassen auch hier Umfragen zweifeln, ob die Saarbahn als neues Beförderungsmittel bei der Bevölkerung angenommen wird. Ob die Strecke St. Ingbert funktioniert muss beurteilt werden, wenn der Verlauf der Hochgeschwindigkeitsverbindung feststeht. Hier könnte es eventuell zu einer Überlastung des Schienennetzes kommen (Plewka). Fragwürdig ist insbesondere, weshalb es keine geplante Trasse in Richtung Universität gibt. Diese befindet sich außerhalb des Stadtgebiets Saarbrücken und musste ihre Parkmöglichkeiten für den MIV bereits erweitern. Ein Grund könnte sein, dass Studenten über ein allgemein gültiges Semesterticket verfügen und deshalb kein Umsatzwachstum für die Saarbahn bringen würden.

3.6 Analyse der Ziele der Raumordnung: Die Fachlichen Ziele

3.6.1 Inhalt

Naturpark und Biosphärenregion

Der Bliesgau stellt aufgrund seiner naturräumlichen Ausstattung eine schützenswerte Kulturlandschaft dar, die in den bisher eingerichteten deutschen Biosphärenreservaten nicht ausreichend repräsentiert ist. Es ist daher beabsichtigt, im Bliesgau eine Biosphärenregion einzurichten und eine Anerkennung durch die UNESCO zu beantragen. In der Biosphärenregion sollen - in Zusammenarbeit mit der ansässigen Bevölkerung - Konzepte zu deren Schutz, Pflege und Entwicklung erarbeitet und umgesetzt werden. In den einzurichtenden Zonen sollen klassische Naturschutzziele (in der Kernzone), bewahrender Kulturlandschaftsschutz (in der Pflegezone) und Kulturlandschafts- und nachhaltige Wirtschaftsentwicklung (in der Entwicklungszone) umgesetzt werden (nach: (155)).

Regionalpark

Unter Einbeziehung des Freiraumverbundes und der stark verdichteten Siedlungsbereiche ist beabsichtigt, im Verdichtungsraum Saar einen Regionalpark (Abb. 4 und 5) zu schaffen. Die bislang im Rahmen des Interreg II C-Projektes entwickelten Ansätze (...) sollen auf der Basis einer breiten Beteiligung der regionalen Akteure weiterentwickelt werden. Darüber hinaus soll eine Konkretisierung und Umsetzung dieser Ansätze zunächst mit dem regionalen Projekt Saarkohlenwald und Warndt erfolgen (nach: (158)).

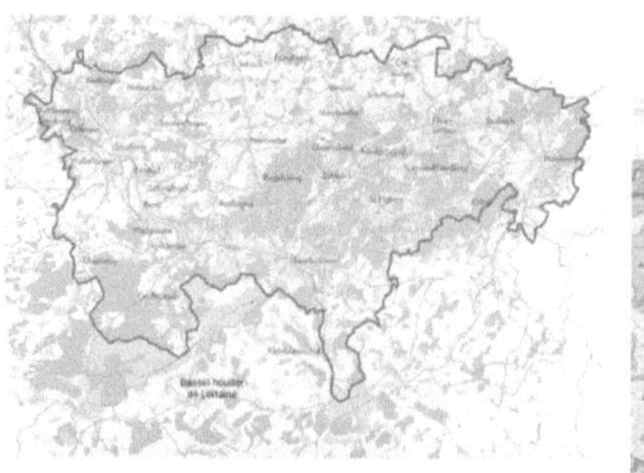

Abb. 4 und 5:   Regionalpark im Saarland (Quelle: http://www.umwelt.saarland.de/-regionalpark.htm, 05.12.05)

3.6.2 Neuerungen

Fachliche Ziele sind erst mit der aktuellen Ausgabe des Landesentwicklungsplans „Umwelt" konkret dargestellt worden. Die Idee der Biosphärenregion im Bliesgau ist im Jahr 2002 entstanden.
Der Regionalpark zählt auch als informelles Planungsinstrument zu einer Neuerung. Jedoch war der Saarkohlenwald als „Kernstück" bereits im alten Plan als Standortbereich für Ökologie ausgewiesen.

3.6.3 Kritik

Die Idee der Biosphärenregion im Bliesgau existiert gerade einmal zwei bis drei Jahre und stellt somit eines der jüngsten Instrumente im Bereich des Naturschutzes und der Landschaftspflege dar. Derzeit gibt es verschiedene Diskussionspunkte im Hinblick auf die Einrichtung. Zum einen möchte das Mittelzentrum St. Ingbert mit aufgenommen werden, da dieses dadurch einen erheblichen Imagegewinn verzeichnen könnte (Plewka). Allerdings sieht eine Biosphärenregion derzeit keine Aufnahme einer Stadt vor. Zum anderen gibt es viele Streitigkeiten mit den, im vorgesehenen Gebiet ansässigen Landwirten. Diese fürchten um ihre Arbeitsplätze, da durch die Ausweisung einer Biosphärenregion die heutige Bewirtschaftungsintensität wahrscheinlich nicht aufrechterhalten werden kann.

Der Regionalpark stellt ein informelles Planungsinstrument dar. Es sollen besonders die „Erhaltung und Inwertsetzung des kulturellen Erbes durch Gestaltung und Zugänglichmachung der vorhandenen Potentiale betrieben werden" (159).
Ein Pilotprojekt „Saarkohlenwald" stellt verschiedene Projekte dar, mit welchen eine höhere Lebensqualität für die Menschen im Verdichtungsraum erreicht werden soll. Neben ausgezeichneten Wanderwegen wie z.B. dem „Haldenrundweg" wird versucht Industriekultur mit Natur zu verbinden. Die Koordination läuft im Ministerium für Umwelt zusammen und wird neben dem Land auch von der EU und der Deutschen Steinkohle AG gefördert (Plewka).

4 Kritische Analyse des Landesentwicklungsplans Teilabschnitt „Siedlung" (LEPI Siedlung)

4.1 Aufbau und Struktur

Die Gliederung des derzeitig noch gültigen Plans ist wie folgt:
- Rahmenbedingungen
- Räumliche Struktur des Landes
- Zentrale Orte
- Raumordnerische Siedlungsachsen
- Bevölkerungsentwicklung und Wohnsiedlungstätigkeit
- Anhang mit Tabellen und Karten

Es werden Prinzipien wie Nachhaltigkeit und dezentrale Konzentration genannt, sowie das Leitbild der „Stadt der kurzen Wege" durch Funktionsmischung. Eine soziale Segregation soll vermieden werden, sowie weitere Zersiedelung. Das Schwerpunkt-Achsen-System (Zentrale Orte – Siedlungsachsen) wird verfolgt.
Neben allgemeinem Text enthält der Plan ungefähr ein Drittel Tabellen und Karten.
Da der Plan ausschließlich als pdf-Format vorlag, war es nicht möglich eine zeichnerische Darstellung zu erhalten.

Als die wichtigsten Elemente des LEPI „Siedlung" werden
- Die Festlegung von Zielen für die Wohnsiedlungstätigkeit
- Die Festlegung von Wohneinheiten-Zielmengen und

- Die Festlegung von Zielen für die Ansiedlung von großflächigen
  Einzelhandelseinrichtungen

genannt (nach: LEPI „Siedlung" 1997:1317).

4.2 Räumliche Struktur des Landes

4.2.1 Inhalt

Wie im LEPI „Umwelt" wird das Saarland in drei Strukturräume unterteilt: Die
Kernzone, die Randzone und der ländliche Raum. Alle Strukturräume wurden durch
die Montanindustrie geprägt. Gemeinden der Randzone sollen Entlastungs-
funktionen durch Bereitstellung zusätzlichen Wohnraums übernehmen. Diese
Gemeinden sollen zentrale Orte an Siedlungsachsen sein.
Es wird die schlechte infrastrukturelle Situation im ländlichen Raum angesprochen.
Siedlungseinheiten außer den zentralen Orten verfügen oft nicht über die
ausreichende Grundausstattung. Im Hinblick auf die stagnierende Bevölkerungs-
situation wird sich dieser Zustand auch nicht verbessern. Siedlungszahlen werden
genannt, beruhen jedoch auf der Volkszählung von 1987 (!). Auf dieser Datenbasis
folgen Tabellen mit einer Einteilung der Gemeinden in die einzelnen Zonen.
Im Anschluss werden 21 Ziele aufgelistet, sowie Ziele für die einzelnen Strukturräume.

4.2.2 Kritik

Der Landesentwicklungsplan „Siedlung" wird von Mitarbeitern des Umwelt-
ministeriums selbst als sehr veraltet und unübersichtlich bezeichnet.
Wegen des neuen „demographischen Wandels" wird der Plan derzeit fortge-
schrieben. Wie in Abbildung 6 zu erkennen ist, wird ein drastischer Rückgang der
Bevölkerung bis zum Jahr 2030 im Saarland erwartet. Allein bis zum Jahr 2015 soll
die Zahl der Bevölkerung auf 54.000 abnehmen (nach: Internet 6).

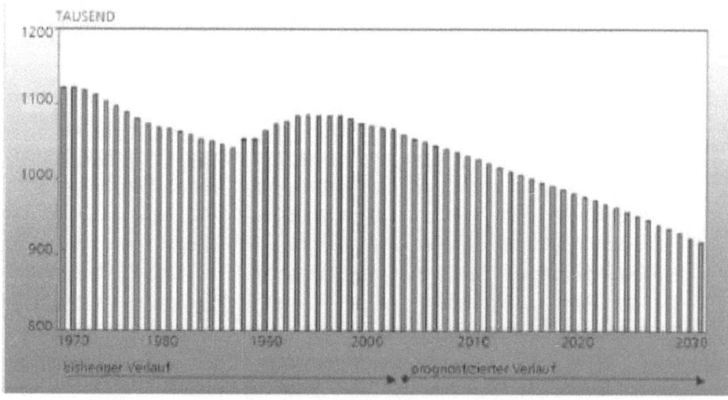

Abb. 6: Bevölkerungsentwicklung Saarland (Quelle: https://www.stadtmitteam-fluß.de,
05.12.05)

Der angedeutete Mangel an Grundausstattung ist im Saarland spürbar. So wurde dieses Jahr die Schließung von ca. 90 Grundschulen beschlossen, was besonders den ländlichen Raum betrifft (nach: Internet 5). Der Teufelskreis beginnt mit der Schließung. Durch die fehlende ÖPNV-Verbindungen müssen Kinder nun mit dem Auto zur Schule gebracht werden, was wiederum eine Überlastung des Straßennetzes mit sich bringt und damit die Umweltqualität beeinträchtigt.

Die gesamten Datengrundlagen des Planes belaufen sich auf das Jahr 1987 – eine Basis, die völlig unaktualisierte Zustände aufzeigt.

4.3 Zentrale Orte und Siedlungsachsen

4.3.1 Inhalt

Die zentralen Orte sollen die Siedlungsschwerpunkte darstellen. Falls die Wohnbautätigkeit über die Fläche der zentralen Orte hinaus gehen muss, kann diese auch auf Flächen von nicht zentralen Orten stattfinden. Saarbrücken wird als einziges Oberzentrum ausgewiesen.

„Die Siedlungsschwerpunkte liegen in dichter Folge im Verlauf vorhandener oder geplanter Einrichtungen des schienengebundenen Nahverkehrs. Sie sind kein ununterbrochenes Siedlungsband, sondern durch Freiräume und Siedlungszäsuren gegliedert" (Ministerium für Umwelt 1997:1332).

Bei der Siedlungsachsenkonzentration werden, wie in Abbildung 7 dargestellt, die Achsen in 1. und 2. Ordnung nach der Erreichbarkeit mit dem ÖPNV unterteilt. Dabei sind die Siedlungsachsen 1. Ordnung Verbindungen, die mit ÖPNV nur Mittelzentren untereinander verknüpfen.

Abb. 7: Zentrale Orte und raumordnerische Siedlungsachsen (Quelle: http://www.umwelt. saarland.de/ 1812.htm:, 20.11.05)

4.3.2 Kritik

In der Fortschreibung des LEPI Siedlung wird die Entwicklung der zentralen Orte im Hinblick auf den demographischen Wandel untersucht und mit Lösungsstrategien versucht steuerbar zu machen. Mit dem Rückgang den Bevölkerungszahlen soll keine gleichmäßige Siedlungsentwicklung zugelassen werden, sondern möglichst nur punktuelle Förderungen. Dadurch soll ein Verlust von Infrastruktureinrichtungen wie Geschäften, Arztpraxen, Schwimmbädern, Sport-hallen oder auch Büchereien vermieden werden. Qualität statt Quantität lautet die Aussage von dem saarländischen Umweltminister Mörsdorf.

Interessant ist hierbei, dass die Schulen nicht erwähnt werden! Durch die Schließung der Grundschulen wird wohl kaum mehr Qualität durch Konzentration entstehen, da durch größere Klassen und längere Fahrtwege eher schwierige Zeiten auf Eltern, Lehrer wie auch auf die Schüler zukommen.

Der Flächenverbrauch im Saarland wird vor allem durch Baugebiete verursacht. Neue Häuser und Wohnungen sollen hauptsächlich in den zentralen Orten mit guter Verkehrsanbindung entstehen und dort innerorts und nicht als Neubaugebiete am Rande der Dörfer und Städte realisiert werden.

Die Gemeinden werden abhängig von ihrer zentralörtlichen Funktion in unterschiedliche Kategorien für Wohnungsbedarf differenziert.

Für das Oberzentrum Saarbrücken sollen 3,5 neue Wohnungen pro 1000 Einwohner und Jahr entstehen. Für die Mittelzentren (Blieskastel, Dillingen, Homburg, Lebach, Merzig, Neunkirchen, Saarlouis, St. Ingbert, St. Wendel, Völklingen und Wadern) gelten drei, für die Unterzentren zwei Wohnungen. Für nicht-zentrale Ortsteile ist eine Wohnung vorgesehen. Damit wäre die Eigenentwicklung der Dörfer sichergestellt. Für Gemeindeteile, die an den von der Landesplanung festgelegten Siedlungsachsen liegen (Abb.7), gibt es auf diese Werte einen Bonus von 0,5 Wohnungen (nach: Internet 6).

Ein großes planerisches Problem könnte in Zukunft eine nachhaltige Gestaltung des Nordens im Saarland werden. Das einzige Mittelzentrum, Wadern, welches nicht einmal an einer Siedlungsachse liegt, verliert zunehmend an funktionaler und demographischer Bedeutung. Die alte Peripherie wird wohl auch durch die geplante Nordsaarlandstraße in Zukunft die neue bleiben. Womit eine Gleichwertigkeit der Lebensverhältnisse immer weniger zu realisieren ist.

5 Zusammenfassung und Fazit

Der Landesentwicklungsplan – bzw die Ländesentwicklungspläne – im Saarland vereinigen sowohl Ziele als auch Grundsätze die, in anderen Bundesländern auf verschiedene Ebenen verteilt sind. Dadurch entstehen eine Vielzahl von Informationen und Aussagen, die durch die Teilung in zwei „Themenpläne" sehr übersichtlich dargestellt werden können.

Beide Pläne weisen zukunftsorientierte Entwicklungen auf, die in den Leitprinzipien Nachhaltigkeit, dezentrale Konzentration und Gleichwertigkeit zu finden sind. Jedoch können wie so oft Differenzen zwischen Planung und Realität festgestellt werden: Das Saarland soll Wettbewerbsfähigkeit erlangen („Saarland, das innovative Aufsteigerland"), jedoch werden Gewerbegebiete in einer Menge und in Gebieten ausgewiesen, die unrealistisch erscheinen. Gleichwertigkeit der Lebensverhältnisse wird erwähnt, ist aber durch die ungleiche Bevölkerungs- und Infrastrukturverteilung nicht gegeben und wird sich auch in Zukunft durch den demographischen Wandel wohl nicht erfüllen.

Die Datengrundlagen des derzeitigen Siedlungsplanes sind völlig unzureichend und lassen keine Schätzungen von Entwicklungen zu. Vor einigen Tagen erschien nun ein Vorentwurf des fortgeschriebenen Planes, der allerdings aus Gründen des Zeitmangels und Umfangs in einer anderen Arbeit analysiert werden müsste.

Sicher ist, dass in dem neuen Plan „Siedlung" der demographische Wandel mitberücksichtigt wurde und neue Daten zu nachhaltigen Planungen in der Zukunft führen.

Es wird versucht, das alte Image des dreckigen Kohlelandes endgültig zu beseitigen und umweltbewusste Planungen effektiv durch Mehrfachnutzung des Raumes herbeizuführen.

Wichtige Projekte wie der Regionalpark, die Einbindung in das europäische Hochgeschwindigkeitsnetz inklusive dem Eurobahnhof, die Saarbahn aber auch die Planung der „Stadtmitte am Fluss" leisten wichtige Beiträge zur fortschrittlichen Entwicklung des Saarlandes.

Ob die Planinhalte sinnvoll verwirklicht werden, müssen zukünftige Analysen zeigen.

6 Literaturverzeichnis

Ministerium für Umwelt (2004): *Landesentwicklungsplan, Teilabschnitt „Umwelt"*
(Vorsorge für Flächennutzung, Umweltschutz und Infrastruktur)".
Saarbrücken

Ministerium für Umwelt (1981): *Raumordnung im Saarland. Landesentwicklungsplan*
Umwelt. Saarbrücken

Ministerium für Umwelt (1997): *Amtsblatt des Saarlandes. Bekanntmachungen des*
Landesentwicklungsplans „Siedlung". Saarbrücken

<u>Internetquellen:</u>

Internet 1:Ministerium für Umwelt : *Liste der Naturschutzgebiete im Saarland*
(http://www.umwelt.saarland.de/1837_11370.htm, 05.12.05).

Internet 2: Grüne Fraktion: *Umwelt- Ökologische Modernisierung*
(http://fraktion.gruene-saar.de/seite194.html, 07.12.05).

Internet 3: Netfutura: *Überblick über die Saarterrassen* (www.saarterrassen.de,
25.11.05).

Internet 4: ADFC: *Stadtmitte am Fluss – Chancen, Ziele und daraus abgeleitete*
Forderungen (http://adfc.saar-online.de/sb_stadt_fluss.html, 25.11.05).

Internet 5: Stern: *Schulden: Ein Drittel der Grundschulen in Saarland von*
Schließung bedroht
(http://shortnews.stern.de/shownews.cfm?id=557224, 19.12.05).

Internet 6: Ministerium für Umwelt. Pressemeldung vom 06.12.2005:
Demografischer Wandel prägt Landesentwicklungsplan Siedlung –
Umweltminister Mörsdorf (http://www.unwelt.saarland.de/prd/, 26.12.05).

Internet 7: Einpendler in das Saarland (www.statistik.**saarland**.de/ medien/inhalt
/stala_PENDLER(2).pdf, 16.12.05)

Fragen zum Landesentwicklungsplan (Saarland):

1. Weshalb war der alte Plan „Umwelt" ausführlicher (geographische, biologische Erklärungen, Anhang mit genauen Ortsangaben) ?

2. Weshalb enthält der neue Plan ausschließlich Ziele der Raumordnung?

3. Weshalb wird die Pendlerzahlenminimierung nur im Bezug auf den Ländlichen Raum aufgeführt?

4. Wie ist die geplante Querspange A1-A623 mit dem ausgewiesenen Naturschutzgebiet vereinbar?

5. Wie soll eine „Bündelung der Infrastruktur" in den VL aussehen?

6. Laut Plan haben Windkraftanlagen in VL Vorrang; können sich Landwirte wehren?

7. Bekommt ein Landwirt Entschädigung, wenn er wegen VH seine ackerbauliche Landnutzung in Grünlandnutzung umwandeln muss?

8. Welche Konsequenzen für die Landwirte hat die Aussage, dass eine VG noch intensiv landwirtschaftlich genutzt werden, diese demnach so lang wie möglich erhalten werden sollen (Da der Plan 10 Jahre gelten soll → heißt dies, dass die Landwirte ihr Land in spätestens 10 Jahren aufgeben müssen?)?

9. Welches sind die „Erfordernisse des Grundwasserschutzes"?

10. Laut Plan sind in VG keine Einzelhandelsstandorte mit einer Verkaufsfläche über 700m² zulässig. Auf den Saarterrassen, die als VG ausgewiesen sind, gibt es allerdings verschiedene Firmen, die diesen Grenzwert überschreiten. Zählt diese Angabe nur für geplante Vorhaben ab Veröffentlichung des Plans?

11. Weshalb werden trotz erheblicher Schäden durch Grubenbeben und Zusage zur Unterstützung der Politik nur noch bis 2008 trotzdem Steinkohleabbauanlagen ausgewiesen, deren „Erweiterung sinnvoll erscheint"?

12. Weshalb soll der Flughafen Saarbrückens trotz erheblicher Konkurrenz durch Frankfurt und Frankfurt(Hahn) ausgebaut werden?

13. Seit wann steht die Idee der Biosphärenregion im Bliesgau?

14. Welche Umsetzungsprobleme gibt es?

15. Wo laufen die Fäden zur Koordinierung der Regionalparkentwicklung zusammen?

16. Weshalb wird das Zukunftsprojekt „Stadtmitte am Fluss" nicht erwähnt?

17. Wo verläuft bzw. soll die „Nordsaarlandstraße" verlaufen?
18. Weshalb ist keine Trassenerweiterung der Saarbahn zur Uni geplant?

19. Was sind Ihrerseits Verbesserungen und wichtige Ziele in des Landesentwicklungsplans „Umwelt"?